正宗兔奴注音麻與注音五兔

我與網字輩的生活日誌

注音麻 著

目錄

前言

Hello (揮手) 我是注音麻,牠們是網字輩。
你一定很好奇,為什麼我叫注音麻,而牠們叫網字輩。

之所以叫注音麻,是因為我的五隻兔子跟兩隻刺蝟的名字是依注音符號順序命名的:ㄅ是bubu,ㄆ是pongpong,ㄇ是momo,ㄈ是fifi,ㄉ是動動,ㄊ是tete,而ㄋ是腦腦,是七隻帶給我滿滿快樂的開心果。

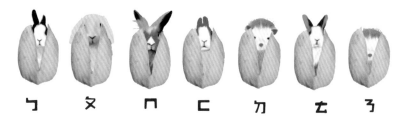

每次說粉專是「ㄅㄆㄇㄈ」的時候,手機自動選字就會跑出「不怕麻煩」四個字。想想也是挺剛好的,因為對牠們的愛,的確已經到了什麼都不怕麻煩的地步了。帶著五隻兔寶加上推車,將近20公斤的重量趴趴走,不都靠著這股「不怕麻煩」的精神嗎?

當初因為開始養兔子,就加入了一些臉書的兔子社團,偶爾也會分享有關牠們的生活點滴,為了要讓自己方便搜尋自己的文章,就非常不害臊的標上:

#bubu網紅　　　　　　　#動動網萌
#pongpong網美　　　　　#tete網挺
#momo網嬌　　　　　　 #腦腦網帥
#fifi網俏

統稱「網字輩」。

有一回指著網字輩眾多的合照跟朋友說：「牠們很喜歡拍照啊！」

朋友笑笑回我：「是你喜歡吧？」唉喲，突破盲腸了。的確，我非常享受帶著牠們到處去，用照片記錄牠們的生活，希望大家看到牠們，也可以感受到被療癒。

跟朋友討論除了空氣、陽光還有水以外，生命中還有什麼是不可缺少的？當朋友非常理性且無趣的回答「網路」的當下，我認真的說，我無法想像生命中沒有寵物。

不過話說網路也真的很重要倒是沒錯，沒有網路，又怎麼可能有牠們的粉專，又怎麼會有後續的種種呢？

好吧！網路跟寵物一樣重要。

自從2019年設立了牠們的粉專以後，交了很多跟我一樣喜歡兔子的朋友，我們互相交流，相互學習。這群「網粉」每一位都給了我們很多養分：他們都能體諒我止不住每天對網字輩的示愛；會理解我為什麼會為了扎實而健康的兔子大便而雀躍；會包容我因為牠們一點的不適而憂心。每一位陪著我為牠們開懷、擔心，為我遇到養兔疑難，分憂解惑，還有常常留言逗得我哈哈大笑的朋友們，是你們給了我很多動力，不管是生活上或是創作上。這絕對是我養兔子以前沒有想過會有的驚喜。

第 一 章

偶　棉　五　隻

很多人問我，怎麼一下子養那麼多兔子。
我說這是緣分。

乍聽起來多麼敷衍的答案，但的確是實情。
想想這五隻完全沒有血緣關係的兔子，來自不同
背景，因緣際會來到了我身邊，所以恕我找不到
比「緣分」這兩個字更好的解釋。

一開始從一隻變兩隻的時候，心想這已經是極
限；收編第三隻的時候想，養三隻跟養兩隻差在
哪？第四隻來的時候，又跟自己說，養四隻跟養
三隻一樣啊！到第五隻來的時候對自己說，養五
隻跟養四隻還不是一樣？

很多人都以為牠們是一家兔，但牠們其實只是室
友關係。這五隻兔子，即使有三隻的品種是一樣
的，但事實上長相都各有特色，每一隻的個性更
是不一樣。期待大家也可以從可愛的牠們身上，
感受到牠們帶給我的那份歡樂。

嗯，就這樣，五隻。

ㄅㄨㄇㄈㄊ

bubu

品種：道奇兔

綽號：bu哥｜肥bu｜wudytu｜網紅

相遇：2016 / 02 / 20

性別：公

個性：面惡心善的暖男

特徵：有事業線｜黑色低腰褲

嗜好：討抱｜翻白眼

來歷：寵物店購買

如果你看一下這些照片，或許就能明白，
為什麼說bubu的特色是「有事業線」，
說他的興趣是「翻白眼」了。我沒有出賣
他，更正，我沒有在這裡出賣他。

我早就在粉專上分享過了，喜歡bu哥的朋
友們，就是欣賞他兇兇的露胸。

一直覺得跟bubu的相遇，是很神奇的緣份。

在還沒有養網字輩以前，我養的是天竺鼠阿福與阿財。阿福與阿財某天一起生病，相繼離開了。那時候的我非常傷心，幾乎每天都會跑去寵物店看天竺鼠。有一天，看天竺鼠看到一半的時候，眼角瞄到在旁邊的一群兔子，忍不住走了過去，一眼就看中了一隻兔寶，奶油色的小可愛。正當看得入神時，有一隻黑白色的兔子，跑來我面前一直擾嚷著，讓我根本無法忽視牠的存在，那就是bubu了。

我相信人跟動物之間是有緣份的，所以與其說是我選擇了bubu，倒不如說是我們之間的緣分，無形的推著牠走到我面前，注定我們屬於彼此。

bubu成功誘拐我以後，第一件要做的事情，就是帶牠檢查身體了。

幼兔本來就比較難分辨性別，那天給醫生檢查後才知道，我的bubu是位健康帥氣的王子，難怪那麼不害臊，主動跟我搭訕。

bubu的臉常常奧嘟嘟，也不知道在氣什麼，那種眼神如果出現在一隻哈士奇臉上非常合理；但畢竟bubu是隻兔子啊！就不能萌一點嗎？但牠之所以會得到最多寵愛，是因為他是典型的面惡心善。認識bubu的人都知道，牠可是網字輩裡，最暖的大哥。

我想bubu也沒有想過，在牠以後會出現那麼多隻，但牠不曾傷害過任何一隻，這是我覺得非常欣慰的地方。而且暗暗認為，網字輩之所以可以那麼乖，都是因為有這位大哥，立下典範。網字輩那麼受控，bubu實在功不可沒。

有一回，家裡人都出國了，老家的保全打給我，說保全系統偵測到家裡有異常體感，很有可能是被闖空門了。正在上班的我，頭皮發麻，下班後也不敢回去察看，等到第二天一早，我才帶著bubu陪我回去看個究竟。還好最後只是虛驚一場，不過朋友們都取笑我，問我帶隻兔子回去到底會有什麼幫助。我跟著傻笑但其實心裡很明白，bubu雖然在體能上、智能上都無法保護我，但牠就是莫名的給我一份安全感。抱著牠，我開鑰匙的那隻手也沒那麼抖了。

這就是bubu給我的力量，我無法為這種感覺下一個比較科學的定義。

ㄅㄡㄇㄷㄥ

Pong Pong

品種：垂耳混獅子兔

綽號：網美｜π小姐｜愛恩斯pong

相遇：2016 / 04 / 15

性別：母

個性：沉穩｜活在自己世界裡｜兔不犯牠牠不犯兔

特徵：炸毛｜大理石紋路

嗜好：跟馬麻玩手指觸電遊戲

來歷：寵物店購買

許多養寵物的人，養了一隻不管是貓狗烏龜小鳥倉鼠還是兔子，過一陣子就會萌生「牠自己一隻會不會很孤獨啊？」的念頭，我也不例外。看著bubu一天天長大，覺得如果牠可以有個伴多好？就跑回與bubu相遇的那家寵物店。

那時候養了bubu才兩個多月，對兔子的了解程度還很薄弱，更別說了解到原來兔子有那麼多品種，世界上原來有垂耳兔這樣的生物了。

我那天看到還是小北鼻的pongpong，心想這可憐的小寶貝，怎麼耳朵長歪了？半垂不垂的，實在太惹人憐愛，就把牠帶回家了。

沒想到還沒來得及擔心兩隻兔子會不會不合，就看到bubu用牠滿滿的愛，歡迎pongpong了。

我算是非常幸運，後來聽過好多兔子不合的個案，所以如果你決定要養超過一隻，記得要多多觀察，真的不合就不要勉強放在一起，就各自放風吧！

MR.RABBIT·MR.RABBIT·MR.RABBIT·MR.RABBIT·MR.RABBIT·MR.RAB

帶回家以後，第一件事情當然要去身體檢查，很慶幸，牠的耳朵沒問題。

慢慢長大以後，pongpong的耳朵慢慢的都垂下了，只有偶爾聽到什麼聲音，才會翹起一邊的耳朵，非常逗趣。

牠應該是因為有混到獅子兔的血緣，一頭豪邁的頭髮，為牠贏得「愛恩斯pong」的美譽，後來有一次到醫院檢查身體，秤得體重3.14公斤，大家就開始叫牠π小姐了，網粉們都非常有創意呢！

ㄅㄆㄇㄈㄊ

momo

品種：獅子兔

綽號：網嬌｜恰北mo

相遇：2018 / 02 / 18

性別：母

個性：女漢子但對馬麻非常溫柔

特徵：炸毛｜水滴鼻

嗜好：啄fifi

來歷：同事家兔子生下領養來的

與momo相遇，是2018年的春節過後。

同事跟我說他朋友家裡的母兔，生了一窩兔子要送養，問我是否可以幫忙帶一隻。我大笑三聲回答他那是不可能的事情，我已經有兩隻了呀，我看著一群剛出生不久的兔子照片，挑了一隻跟同事說，這隻如果春節期間還沒有成功送養，我就幫忙找領養人。

春節過後的第一天上班日，我就去見了牠。二話不說，收編了。就這樣，網字輩軍團慢慢成型。

坦白講，momo是這麼多隻網字輩裡，最女大十八變的一隻。誰想得到長得那麼萌的孩子，長大後，講得好聽是英姿；講得不好聽，我實在覺得牠長得有點像野兔。然後也不知道是不是因為品種的關係，牠也的確是頭母獅子。只有牠會主動欺負fifi。你相信異性相吸，同性相斥這個道理嗎？在momo身上我見識到了。我一直以為momo會欺負fifi，是排名順序的問題，讓牠必須擺出大姐的架式；但後來tete來的時候，我才發現，momo對tete，可是以禮相待的。我這才突然想到，momo跟fifi都是女生，而tete是小男孩啊！

恰北北的momo，總是讓我想到還珠格格裡的容嬤嬤。

ㄅㄠㄇ **ɛ** ㄊ
fifi

品種：道奇兔
綽號：網俏｜fi妹
相遇：2019 / 02 / 15
性別：母
個性：溫柔｜嬌羞
特徵：單肩晚禮服
嗜好：站在馬麻肩上｜吐舌頭｜打哈欠
來歷：鄰居搬家帶不走

有一天在社區的臉書上，看到有一位鄰居說要搬家了，但新的住所無法養寵物，只能把她的兔寶送養。

那時候與bubu、pongpong、momo已經相處了一段時間，也代表對兔寶的認識越來越多；看到好多沒有慎選領養人之下，失敗的送養個案，不禁有點擔心這隻兔寶的未來。所以看到臉書上送養文下面，即使已經出現有人認養的留言，我還是弱弱的在下面打上「排」一個字，幫自己也幫這隻兔寶碰碰運氣，看看我們是否可以成為一家人。

沒想到留言不到一個小時，就有一位也養兔子的鄰居，留言幫忙推薦我，而我也成功的用ㄅㄆㄇ的照片展示我的養兔子經驗，得到前主人的青睞。長話短說，最終牠成功的成為我的fifi了～

接fifi的那天，我看到本兔的時候嚇了一跳，原來她比照片小很多，當我把她抱在懷裡的時候，不知道她是不是知道我是她的新馬麻，頭就這樣緊緊的靠過來，連前主人都忍不住說：「天啊！牠好喜歡妳喔！」我趕在前主人反悔之前，把油抹在鞋底，手刀跑回家。

由於ㄅㄆㄇ的相處很和平，所以我本來以為fifi要融入應該沒問題，沒想到我真是太傻太天真，ㄅㄆㄇ輪流欺負牠（這是後來臉書回顧提醒我的，也許是因為這段磨合期不長，我就忘記那段時期了。）

當時有想過萬一牠們真的不合就不要勉強，人與人之間也不一定合啊，何必勉強呢？後來每次看到ㄅㄆㄇ欺負fifi的時候，都會責備牠們；不過後來想想，極愛撒嬌的fifi，會不會其實是隻心機極重的兔寶，只是老早就被ㄅㄆㄇ拆穿，才會被欺負呢？（地方媽媽看太多宮廷劇了吧？）

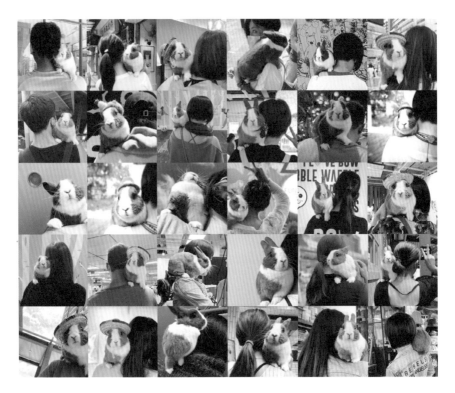

有一次在幫fifi清籠子的時候，這隻愛撒嬌的兔子突然爬到我的肩上，嚇了我一大跳，後來每天晚上都會定時咬籠子要出來。一開始還不知道牠到底要什麼，久了才知道，這隻兔子要站在馬麻肩上遶境兩圈，才願意乖乖睡覺。後來牠更進一步，喜歡站在馬麻肩上逛街，站高高的牠，總是驕傲看著待在推車裡的同伴們，露出像是坐頭等艙的傲氣。

我還是得囉唆說一句，不是每一隻兔子都有這種嗜好或是平衡感，千萬不要輕易嘗試，像其他網字輩根本就沒辦法，我也不會去勉強或是特地訓練。
這些是跟路上行人拍的肩上照，fifi淡定得很，把人類的肩膀踩在腳下，是牠特殊的癖好跟技能，而且重點是每一位都被踩的甘之如飴。

ㄅㄡㄇㄈ ㄛ

tete

品種：道奇兔

綽號：網挺｜te弟

相遇：2020 / 06 / 27

性別：公

個性：好奇寶寶

特徵：毛色像小花貓

嗜好：站起來看遠方

來歷：馬路上被發現

要說到最具戲劇性的相遇，應該就是跟tete相遇這一段了。

有一天，突然收到家附近的一家咖啡店老闆的line：

客人vs老闆　　　　　　　　　　老闆vs我

有位好心的客人，在路上撿到一隻兔子，問咖啡店老闆是否可以幫忙收編；咖啡店老闆知道我有養兔子，就找上了我。那天是2020年的6月27號，也就是我跟牠緣分的開始。

我來到咖啡店的時候，看到體型小小的，身上的毛一撮一撮的牠。牠的眼神有點呆滯，大概是有點嚇壞了，我趕緊把牠抱在懷裡，好好安撫一番。小小的身體就這樣蜷在我的胸口上，實在惹人憐愛。

我把牠帶回家，安頓好以後，看著牠可愛的模樣，私心真的很想據為己有；但內心又聽到一股正義的聲音對自己說，物歸原主才是正確且應該做的事。所以儘管很想收編，但將心比心，如果ㄅㄆㄇㄈ哪隻走丟了，我也希望撿到的人可以好心還給我呀！

我開始在社區的臉書上發文，既希望有人聯絡我，卻又暗暗的希望沒有，反正那段時間就是矛盾得很，很想愛牠，卻又不敢放太多感情。聽說如果十二天內沒有人聯絡我，兔子就合法歸我。很感謝那段時間每天在粉專陪著我倒數的朋友們，大家都暗暗希望，這隻兔子可以成為網字輩的一員。

到底可以嗎？我們天天都在倒數，天天都在想，每天還在是粉專上為牠紀錄點滴，即使最後無法收編，也至少好好相處過。

終於在幾天後收到原飼主的訊息，這隻兔子原來叫阿肥，是自己走丟的。

雖然早有準備，但知道終於要跟牠道別，心裡還是萬分不捨，但我知道我做對了，不管是撿到了錢包、鑰匙或手機，都應該要物歸原主，更何況是一個生命？

歸還前，忍不住跟原飼主叮嚀一些養兔子要注意的事情。不知道是因為我太煩人，還是我跟牠的緣分其實還沒結束，原飼主跟我說，其實自己要帶孩子還要照顧兔子，挺累人的，乾脆還是送給我好了，而且覺得阿肥有伴挺幸福的，只是希望偶爾還是可以來看看牠。這點當然沒問題啊！就這樣，成功收編！我問原飼主是否介意我另外幫牠取名字，她說沒問題，我就在粉專請各位朋友幫我想阿肥的新名字了！

___ ___ 網 ___

為了要融入網字輩的排序，我希望大家幫我想以ㄊ為發音，然後配上一個網字名號。當時收到好多的投稿，實在好有趣：

糰糰	太太	木村拓拓	網草	網俠
偷偷	彤彤	toto	網潮	網通
腿腿	托托	太子	網寶	網線網路
塔塔	糖糖	吞吞	網俊	網特
苔苔	TATA	忒忒	網帥	網公
跳跳	特特	菟菟	網甜	網仔
踏踏	湯湯	桐桐	網星	網酷
廷廷	童童	挺挺	網喜	網man
踢踢	逃逃	豚豚	網咖	網靚
天天	桃桃	透透	網飛	網婷
甜甜	tone tone	泰泰	網肥	網萌
ting ting	恬恬	桃桃	網蛋	
拓拓	taki taki	tuo tuo		

後來確定叫特特網挺，這是大家幫我投的票，而且名字是有意義的。

我們都覺得牠用了最特別的方式，挺進了網字輩，同時兔友也期許這隻瘦小的兔子，可以長得挺拔健康。所以別人的阿肥，就這樣變成了我的特特網挺。
本來我想叫牠忐忑，來紀錄一下那幾天的心情，不過想到以後去看獸醫，護士大叫「忐忑的媽媽」的窘境，就放棄了。

我很喜歡大家幫牠取名字的這一段記憶，讓我覺得牠是被祝福的。不管什麼生物，有人愛，總會變得矜貴許多。

tete很幸福，不知道走丟了幾天，才被好心的路人找到，然後輾轉來到我們家。

tete的加入，並沒有引起網字輩的排斥，牠融入得很快，頂多就是大合照的時候稍稍少了ㄅㄆㄇㄈ的淡定罷了。

看哪？

tete還沒有結紮，確定收編當下，就跟獸醫約好要來一場「摘蛋之旅」。

那天我們總動員陪伴著tete變公公，即使這是小手術，即使我已經經歷過四次，心裡還是非常緊張跟焦慮。那天在等候的時候，一位兔友突然帶著兔子零食出現，給了我莫大的安全感，這些細微的美好記憶，會一直在我心裡的某個角落，好好的被溫柔收藏著。

摘蛋之旅，成功！

tete來的時候，毛長得不好。從前主人口中得知，去年的夏天，她用剪刀幫牠剪毛，因為技術沒有很好，所以tete的毛就這樣一撮一撮的，她再三跟我說那不是皮膚病，請我不要擔心。

其實我又怎麼會不知道呢？ㄅㄆㄇㄈ的毛我都剃過，每次剃完我都趕快把鏡子收起來，深怕牠們看到難過，用寵物專用剃毛器剃都不容易了，更何況前主人用的是剪刀，效果不好是正常的啊！唯一比較擔心的是，前主人說牠的毛況，這樣已經一年多了，恐怕以後就這樣了。我看著tete，想說好吧，沒關係，反正愛牠也不是因為牠的毛有多好看，不好看就不好看，不會影響我對牠的愛。

沒想到養了才不到半個月，tete的毛就都長回來了！實在可喜可賀！你一定也看過一些流浪貓狗，在被悉心照顧之下，變漂亮的樣子吧？其實兔子何嘗不是？每次回顧tete剛來的樣子，跟現在模樣判若兩兔的照片，總是會暗暗自豪。

tete雖然不是被惡意棄養的，但這讓我想到了有關於棄養的話題。養寵物絕對是一種選擇，既然一開始決定要養，就應該要好好照顧牠們一輩子，不管你養的是貓是狗是龜是兔還是鼠。

兔子繁殖力很強又便宜，非常容易得到。夜市玩遊戲，手氣好一點就可以贏到；寵物店逛一逛身上有信用卡，到櫃檯刷一下就可以帶回家。相對被棄養的機會也就大很多。我聽過許多棄養理由，諸如：「兔子比想像中大好多，沒有辦法再養了」；「當初的定情信物，分手就不要了」；「養到一半發現自己原來對兔毛過敏」；「兔子跟我不親，沒成就感不想養了」；「畢業了，偷偷養在宿舍的兔子帶不回家」；「算命說我如果繼續再養兔子，就會沒有桃花」，不要笑……我還真的聽過。

棄養貓狗固然很可惡，但被棄養的貓狗也許還可以翻翻垃圾桶，填個肚子；但兔子一旦被棄養在外，本身就是食物，存活機會根本等於零。流浪在外的兔子，是其他動物的佳餚。

許多棄養原因，事實上都是可以避免的。如果你確定要養兔子，那麼請把各種因素都先考慮進去，再做決定。每次在路上碰到因為網字輩而萌生養兔子之意的人，我都會建議他們先去協會當義工，看看自己是不是可以接受那個味道；是否會過敏；想像每天都必須幫牠們打掃大小便，是否願意接受？帶牠們結紮，看醫生，隨時發現費用比買一隻兔子要貴上好幾十倍，是否有心理準備？唯有可以誠實回答這些問題，才能避免日後可能會萌生的棄養念頭。

我曾經碰過一位路人跟我抱怨，說她曾經嘗試去領養兔子，卻被志工拒絕，原因是因為她未能回答一些養兔知識。她說：「就是因為不懂，所以希望志工可以教育我啊！」乍聽之下，我也覺得志工應該幫忙教育呀；後來認識了一位志工朋友，她跟我說，如果想養兔子，卻連最基本上網爬文的功課都不願意做，那麼又怎麼能放心讓兔子被帶走呢？啊！志工講得也沒錯呀！（看來我真的無法擔任陪審團的工作。）網上要找資料其實非常方便，不管想飼養什麼寵物，先爬文做好功課，的確都是最基本可以做到的事。

第　二　章

食　衣　住　行

很多人問我：「把時間都花在牠們身上，難道不會因此沒有自己的時間嗎？」其實跟牠們互相陪伴，就是我再寶貴不過的時光了。我這位典型的資深宅女，家裡只要有水電、有吃的有喝的，再加上網路，基本上完全不出門是行之有年的作風。所以與其說是我帶牠們到處去，不如說是牠們帶著我到處走。我們沿途互相陪伴，就只差牠們不會幫我拍照而已。

沒關係，馬麻來拍！

很多人看到網字輩都問我，到底牠們都吃什麼可以吃成這麼圓滾滾。我總是笑笑說：「什麼人養什麼兔啊！」

但即使牠們每一隻胖嘟嘟的都好可愛，為了牠們的健康，還是必須幫牠們好好注意。

當有些人擔心自己養的兔子吃个胖的同時，我則擔心牠們體重過胖，醫生也跟我說，以牠們這樣的體型，可以胖成這樣確實不簡單。

其實胖瘦一點都不重要，健健康康才是重點。

相信兔子可以吃什麼，不能吃什麼，只要問一下谷歌先生，必定可以找到比我更專業的答案。但即使是兔子可以吃的東西，也不見得每隻兔子都愛吃。

不知道是我剛好遇到，還是是定律，網字輩裡的三隻道奇兔，吃東西總是特別謹慎。不管是餵牠們吃什麼，除非是曾經吃過的，牠們總是要聞很久才決定要不要吃。尤其是tete，什麼蔬菜水果、化毛膏、零食乾乾，一律不捧場，餵牠吃東西的成就感相對比較低；反之網字輩裡的長毛兔pongpong跟momo，不管把什麼拿到牠們面前，牠們總是迫不及待的吃下肚，餵食起來就相當有成就感。其實兔子就跟你我一樣，對吃的各有喜好，勉強不來。

有時候我覺得要記住兔子能吃什麼，不能吃什麼，可能不好記；但其實只要牢記一點就可以了：「所有只要有一丁點懷疑的食物，寧願不要餵，也絕對不要冒險。」這樣是不是好記多了呢？

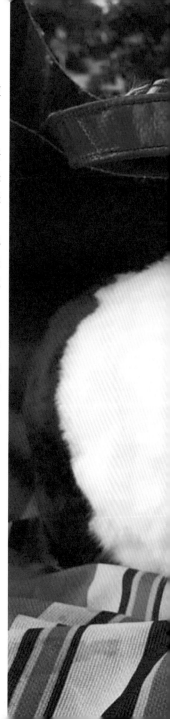

只有卡通裡的兔子才每天吃紅蘿蔔

如果你知道狗狗不是每天都吃骨頭；貓貓也不是每天都吃魚或老鼠，那麼你應該可以用同樣邏輯推測出，兔子的主食不是紅蘿蔔。

養了兔子以後，才發現許多對牠們的既定印象是不正確的，而「兔子要餵紅蘿蔔」是其中最經典的一項。兔子當然吃紅蘿蔔啊，但那不是牠們的主食；兔子主食其實是大量的牧草。草有非常多種類，但其實只要記得基本的觀念就好了：幼兔要吃苜蓿草，長大後就什麼草都給牠試吧！相信我，只要你的兔子願意吃草，不管是提摩西，果園草還是甜燕麥，作為兔奴的你，看到牠們因為吃草而生產出又扎實，又大顆的便便，牙齒腸胃都因此健康的時候，你會非常有成就感。

有一天在獸醫那邊遇到了一對老夫妻，他們的兔子八歲了，公的未結紮，是兒子養到一半不養了給他們的。那位阿姨看到我鋪在尿盆上的草，驚嘆怎麼那麼新鮮，一問之下才知道他們的草都是在寵物店購買的，兔子根本不吃，所以牙齒長得不好，定期就要來磨牙，我問兔寶這次來是怎麼了嗎？阿姨說牠常常跌倒，我問說頭有歪嗎？眼球有顫抖嗎？會不會是歪頭症呢？阿姨說不知道什麼是歪頭症。

畢竟我也不是什麼醫生，就跟她說看看醫生怎麼說吧？後來慢慢聊起來才知道，這隻兔子是什麼都吃的，麵包餅乾米飯樣樣來，阿姨說自己在吃東西的時候，兔寶來討吃，她捨不得不給，就什麼都給牠吃了。

登愣～～～

除了大力宣傳領養代替購買、養前多做功課、愛牠就要照顧一輩子以外，其實我並不喜歡「教」別人怎麼養兔子，因為對於養兔子，覺得自己距離「專家」還有一大段的距離，頂多只是有一點心得分享而已。但當我聽到這裡，真的忍不住跟阿姨說千萬不可以再這樣，在寵物店賣的草也不新鮮，建議她上網買，然後也給了她一把隨身帶著的提摩西草，給他們的兔寶試吃看看，也不知道牠有沒有吃。

離開的時候，聽到醫生跟他們說兔子真的是歪頭症，就像人中風了一樣，要開始復健了。

就算兔子再貪吃，也不可以餵食人類吃的東西，就像是狗狗再努力賣萌跟你討巧克力，也絕對不可以給一樣。

網字輩會陪著我吃東西，還好牠們都非常規矩，乖乖的在旁邊看著。頂多會好奇我又在吃什麼而已，那個乖乖坐在旁邊陪伴著我的模樣，真的讓人胃口大增。

切記，人吃的食物，只能讓牠們看，絕對不可以餵食喔，這一點非常非常重要，讓我來講三次：只能看！只能看！只能看！切記不能心軟。

碰到一位小男生，不知道為什麼bubu一直湊過去討
摸討抱。我打趣的問：「你是不是早上吃紅蘿蔔當
早餐呀？」
小男生很困惑的問我：「啊你剛剛不是說兔子不是
吃蘿蔔的嘛？」

唉喲唉喲，對齁，小孩真的不可以糊弄啊！

兔子主食真的不是蘿蔔喔！

紅蘿蔔不是主食喔！

兔子要吃牧草喔！

不要誤導小朋友！

怎麼忘了勒？

衣

有好多兔友會為兔子們買好多好
漂亮的牽繩衣,蕾絲邊的、卡通
款的、七彩六色、綑花邊的,每
件都好漂亮,甚至有些兔友會自
己動手做,巧手出細工。

但熟悉網字輩的朋友們都知道,
牠們裸體行動居多,天氣如果太
冷我頂多會給牠們穿無袖的狗狗
衣服。我有試過幫牠們做衣服,
但最終都會忍著笑幫牠們脫掉。

當然我很快就放棄了自己幫牠們做衣服的念頭，做帽子頭飾簡單多了，還好牠們也願意戴著讓我拍照。色彩鮮豔的漂亮頭飾，真的是拍照的最佳道具，不過有時候忍不住，會惡搞一下，躲在鏡頭後面笑笑很舒壓。

除了自己手做帽子以外，看到可愛的帽子還是會忍不住買一個大家輪流戴來拍照，不過網字輩裡，每隻氣質不同，同樣一頂帽子，有的戴起來動人可愛；有的戴起來卻有種莫名的喜感。

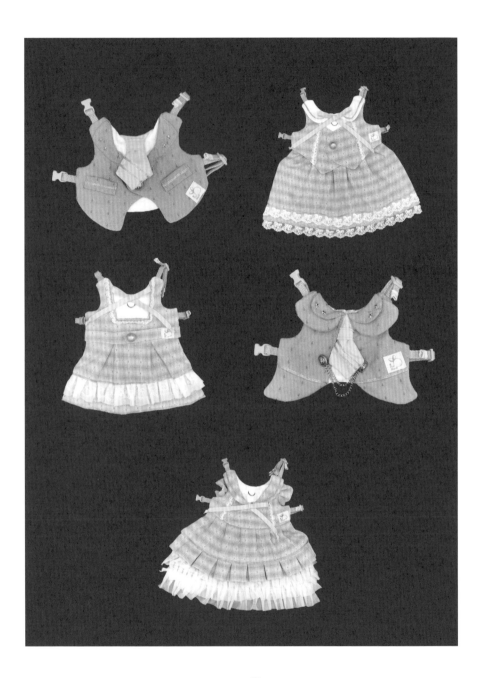

牠們擁有最華麗的牽繩衣，莫過於是當時收編tete的時候，有位陪伴著我一起緊張的兔友自己縫製的那五件了。手工非常精細，一層一層的，bubu跟tete穿起來好紳士；pongpong、momo、fifi穿起來立馬變小公主。看到這些平常都裸體的小屁孩們，突然變貴族，真想問問有沒有我穿得下的尺寸。

不同的飼主會為兔子選擇不同
的居住環境，有些會選擇放
養，有些跟我一樣，讓牠們住
在籠子裡。兔籠子有很多種，
我的經驗是，籠子越大反而越
好清理，而且兔子其實長得很
快，如果決定養兔子，一開始
最好就選擇大一點的籠子，才
不會等兔子長大後又要換籠
子，反而更勞民傷財。

兔寶要不要在家中放養，其實真的看飼主本身。如果決定放養，居家環境就需要更小心了，電線類的東西切記一定要收好，兔子喜歡咬電線，很多兔友都有相同的經驗，聽說有些兔子還專門挑貴的電器線咬呢！所以為免損失，我還是乖乖把網字輩養在籠子裡，這樣也比較安心。

看到有兔子趴在地板上固然可愛，但也要知道兔子本來就有啃食東西的習慣，不能怪，也不要怪牠們，把東西收好才是王道。

如果你跟我一樣，選擇了讓兔子住在籠子裡，可千萬別因此忘了牠們還是需要你的陪伴，不要就這樣把牠丟在籠子裡喔。每天跟牠們的互動相當重要，讓牠們出籠子伸展一下手腳，是幫助牠們維持健康有活力的不二法門之一，如果就這樣丟著不管，最終兔寶只會淪落成一隻會動的家具，那麼飼養牠們又有什麼意義呢？

另外有些人跟我說，怎麼兔子都不親人？首先，養兔子就不該奢求牠們像狗狗一樣那麼的熱情奔放；兔寶跟我們人一樣，每隻個性不同，當然有些會特別親人；有些會特別孤僻，這也許很難改變；但只要你多付出一些耐心，每天花一點時間跟兔寶互動，久了，牠自然會越來越熟悉你的聲音、你的味道。多花點心思吧！等到兔子哪天願意自己跑來找你玩，那種成就感是無法形容的。

你在兔寶身上花了多少心思，牠們是會知道的。

如果你跟養兔子的人說：「兔子很臭。」
你應該會得到這樣的答覆：

「你才臭！」

「你全家都臭！」

這真的不能怪我們這樣回答啊！誰喜歡自己的孩子被嫌臭？何況其實這跟「兔子只吃紅蘿蔔」一樣，是流傳很久但其實有誤的訊息。

你要問我兔子臭不臭？我跟你說，兔子一點都不臭，只要健康，便便顆顆都是扎實而乾燥的，味道能有多臭？不過我也無法睜眼說瞎話，要是說味道比較重的，應該是尿尿的味道了。有時候累了一整天回到家，幫牠們清洗尿盆的時候，確實有種被熏醒的感覺，要知道，五隻兔寶所釋放的阿摩尼亞，確實不容小覷。

兔子本身很愛乾淨，會自己洗澡，不需要我們幫牠們洗。洗澡對兔子來說存在許多危險性，牠們膽子很小，洗澡過程的驚嚇與不安，很容易造成牠們緊張甚至休克；其次，兔子的毛很厚，兔毛如果溼答答的話，很容易造成體溫過低或是呼吸道感染；吹乾嘛，吹風機又吵又熱，萬一溫度過高，又有可能會灼傷皮膚；過程中要是有水跑進耳朵，也會造成耳道細菌感染。已經列出那麼多潛伏的可能性，還要冒險嗎？

養兔子的環境如果臭的話，應該是主人的問題。只要勤勞一點，養兔子其實是沒有味道的才對。我認識很多兔友，包括自己，吸兔子是每天必須做的事情，牠們本身很愛乾淨，不用特別訓練，就會自行清理，身上有淡淡的草香，多聞對身體有沒有幫助我是不敢講；但吸後心靈得到滿足，這點我倒是可以打包票。

行

正因為牠們平常都待在籠子裡，
所以有空就會帶牠們出去外頭走
走。當然每隻兔子的個性不同，
如果你的兔子願意跟你出門，有
空就帶牠們出去呼吸一下新鮮空
氣吧！

兔子在沒做錯事情的狀況下，卻要一輩子
待在籠子裡，這跟坐冤獄有什麼兩樣？
出去走走吧！

兔子需要遛嗎？我聽過不同的講法，但唯一確定的是，兔子其實是需要每天放風的。

雖然我常常帶牠們出去，但不是每隻兔子都願意，或是喜歡出門，每隻兔寶的個性不一樣，如果你的兔寶壓根就不喜歡出門，就不要勉強。要多觀察，一切以兔寶為出發點，才能確保牠們健康快樂。我也非常疼愛我的兩隻刺蝟「動動」跟「腦腦」，不過因為刺蝟會暈車，很容易會感到不適而嘔吐，所以也就不勉強帶牠們到處去了。帶寵物出遊固然開心，但千萬不可以將自己的快樂，建築在牠們的痛苦上，這樣才是真的愛護牠們。

如果你的兔子不愛出門，就讓牠在家裡跑跑跳跳，伸展伸展吧！

牽繩

我絕對認同兔寶出門要用牽繩，當然要用兔子專用的牽繩衣才好，還不知道有兔寶專用的牽繩衣之前，為了怕bubu會走丟，的確有用過牽繩。但我買了不下十條，每一條的下場都是悲慘的。好幾條用不到一天，就會被咬斷，bubu的行為跟眼神彷彿在告訴我：「馬麻再買偶就再咬。」因為這樣，我慢慢的觀察，從小小的範圍開始，看看散完步的bubu，是不是一隻抓不回來的脫韁野兔。沒想到每次放風完的bubu，總會自己乖乖回來；我於是試試看大一點的範圍，bubu用行動再次成功的說服了我，他並不需要牽繩牽制。

不過我還是要再三叮嚀，每隻兔子的個性跟穩定度不一樣，一定要觀察再觀察，我到現在也不會放牠們在外面任意亂跑，除非那個地方是一眼就能看盡的小範圍區域，不然牠們還是都乖乖的給我待在推車裡吧，我絕對不會冒險。

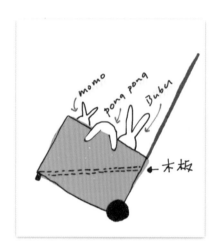

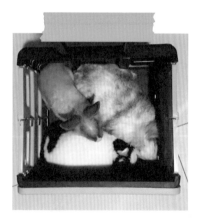

兔姑婆出沒

其實當時只有ㄅㄆㄇ的時候，我也只會帶牠們到社區走走。當時突發奇想，自己改造了一個菜籃，想說沒關係，反正就在社區啊。但坦白說，的確蠻醜的(大笑三聲)。就是因為醜，我也不敢白天帶牠們下去，都等到半夜才敢出動。

手製推車在滾動的時候，滾輪咕嚕咕嚕的特別大聲。每次我心裡都不禁浮出一個畫面：

社區裡的媽媽哄著小孩睡覺，小孩吵吵鬧鬧不肯睡。這個時候，我推著車子在社區走動。媽媽於是作勢把手放在耳邊，指著窗戶，嚇唬不肯睡覺的孩子：「你聽你聽！兔姑婆出現了，聽到她輪子的聲音嗎？再不睡就來抓你喔。」小孩終終於肯睡了。

我為了自己豐富的想像力笑了，不過這個情節聽起來很合理啊！

後來有一次逛寵物展才大開眼界，原來這個世界上有那麼多漂亮又實用的寵物推車啊！我買了牠們兔生第一台寵物箱，從此以後，兔姑婆變身兔女郎(好啦，自己說的)。

其實寵物箱、寵物包，甚至寵物推車都有好多種。我用過太空包，用過硬殼的寵物箱，試過各種不同的，最後還是選用了可以一次帶牠們出門的大型寵物推車。其實沒有哪一款特別好或不好，只要夠通風，找到自己還有兔寶適用的最重要。

還可以幫忙搬東西。

推車

現在用的這台推車，解決了全數兔子的運輸問題，但推著這台推車，我們也只能選擇捷運或公車能到的地方。看著一籃兔子，即使過了那麼多年，我還是常常被萌到，尤其是看到牠們探頭探腦的樣子，真是百看不厭。很多人都問我：「牠們都不會跳出來嗎？」我總會難掩驕傲的回答：「不會。」

在推車裡的網字輩，總是非常的安份，穿梭在城市裡，睏了就睡，餓了就吃牧草，時而探頭出來，看看世界，偶爾碰到對牠們感興趣的朋友，也會很配合的被摸摸被抱抱，這一箱兔子，連推車本身，就差不多重達二十公斤了，要搬上搬下到處去確實有點吃力，不過牠們帶給我的快樂，份量遠比這台車，重上好多倍。

說到推車，如果上公眾交通工具，記得一定要把推車的罩子拉起來。有一次我已經出站了，趕快把寵物車的拉鍊打開，好讓牠們可以透透氣，卻馬上被攔下來。工作人員跟我說，即使已經出站口，但還是在捷運範圍內，拉鍊不可以拉開。這跟我的認知有出入啊，但我還是乖乖的配合。跟牠們出遊是件很開心的事情，何必為了這種事情傷和氣呢？當是長知識就好了。

那次之後，我都是離開捷運站才敢放肆的。

雖然我們能去的地方有限，但其實台北有許多很漂亮的景點，只要能落地拍照的，我都會把握，尤其是色彩鮮豔的背景，總能把牠們拍得很夢幻，彷彿牠們也是畫作的一部分。

很多人問我，到底要怎麼讓牠們乖乖的拍大合照呢？請掃描QR Code來看看！

大合照

到底要怎麼訓練，才可以像牠們一樣乖乖的配合拍照呢？其實我也好希望自己可以回答出一套很厲害的說法，但實情卻是我從來都沒有特別訓練些什麼。硬要講的話，我覺得是牠們已經習慣了吧！所以只要一字排開，看到我拿手機對準牠們，就會很自然的站直，定定的等我拍完照，更可愛的是，牠們拍完照會自己跳回推車裡，如果你不相信，歡迎掃描QR Code來看看。

有許多店家都友善的讓網字輩進入，甚至落地拍照。不過也會碰到一些不大歡迎毛小孩的地方，讓我在這邊公佈一下名單。開玩笑的啦！！我覺得就是互相尊重，碰到不歡迎牠們的店家，那是正常；碰到歡迎牠們的店家，讓我們拍拍照打卡，那是賺來的呢！

遛兔子的時候，都會碰到很多人來跟我聊天，問我有關兔子的種種事情，我都非常樂意回答，從不曾對任何人的任何問題，感到絲毫不耐煩，即使很多問題，我其實早已經回答了八萬六千次了。遇到真的很喜歡網字輩的朋友，我也很願意停下腳步讓大家跟牠們互動，對於大家對兔子的所有問題，我總能抱著第一次回答的熱忱回應，有問必答。

但唯獨很在意聽到有人說：「好失控！」、「牠們好不乖喔。」等類似言論。要知道幫寵物拍照是多麼不容易的事情？何況要讓五隻兔子同時排排站讓你們拍？偶而有某隻晃頭晃腦的，那是正常不過的呀！我聽過最離譜的是有人嘻嘻笑說：「把牠們吊起來就拍得到了。」咦？這位先生，請問這句話的笑點在哪裏？

NG照

當然，動物終歸是動物，拍照當然無法完美啊！不過看到這些照片，還是笑得很開心，這些傻瓜們，傻頭傻腦的，實在太可愛。

偶想回家

禮儀

帶牠們出去遇到那麼多不同的人，我們的運氣不錯，碰到的，佔了百份之很多都是很棒的路人，我非常欣賞那些拍張照片都會事先知會一聲的朋友們；也很感激那些叮嚀小朋友 「要輕輕的，不要嚇到兔子。」的家長們。

我遇到的，也有百份之很少，不那麼有禮貌的人。我遇過因為喝醉酒，硬是把tete抱起來，害牠摔跤的人；我遇過在旁邊問都不問就猛對著我們拍照的人；也遇過硬要抓牠們自拍的路人，或是問我牠們可不可吃的路人。更可怕的是，有些養狗狗的主人，任意讓狗狗靠近，只為了想看看自己的狗狗看到兔子的反應。

當我不吝嗇的讓網字輩帶給大家歡樂的同時，也同樣希望會碰到懂得互相尊重的朋友。小朋友看到兔子自然很雀躍，力道不大會控制也屬正常，但作為父母的，其實也可以趁著這個機會，讓孩子們知道該如何愛護小動物，這是作為遛兔子的我，還有許多寵物主人的內在心聲。

遇過不少狗狗的主人跟我說，他的狗狗很乖，不會傷害兔子。但請知道，兔子本身膽子就比較小，也比較敏感，膽子小的兔子，甚至會因為被嚇到而休克甚至死亡。就像如果身邊有隻獅子，即使馴獸師說牠很乖，你就可以感到不恐懼嗎？

使命

我很相信每一個生命來到這個世界上，都是有使命的(蟑螂除外)。我覺得網字輩這輩子的使命，是要把歡樂帶給很多很多人。每次帶牠們出去，總是看到很多人因為牠們而開心，我也會跟著快樂起來。能把快樂帶給別人，那份滿足其實很大。我很謝謝牠們總是願意配合，不管是要拍照，要摸要抱，都可以。是一群被社會化的兔寶們。

「送給受了傷的人。」

說到使命，我想起了一件事情。

某天因為受挫了，回到家就畫下這張畫作，上面寫：

「送給受了傷的人。」

沒想到過了一陣子，收到粉專一位朋友的訊息。
他跟我說某一天他心情低落的時候，臉書突然跳出了這則貼文，讓他覺得很溫暖，也是從那一天開始追蹤我們。原來自己無意間的一句話，是有能力溫暖世界上某位陌生人的，那種感覺好奇妙。

我們每一個其實都有這種能力，就像網字輩一樣。

第 三 章

有 的 沒 的

這幾年，帶著網字輩到處去，路上碰到好多不同的人事物，很享受跟每一位喜歡網字輩的朋友聊天，我們從聊養兔子開始，聊到朋友、學業、家人跟愛情。

很多有趣的互動，整理起來自己都還是會會心微笑，也想趁機感謝每一位跟我們相遇的朋友們，謝謝你們的友善，為我們每一次的旅程，增添了許多的歡樂，還有一堆有的沒的大小事情。

sorry, sorry!

阿嬤，對不起。

sorry, sorry!

阿嬤，對不起。

上次跟網字輩逛街，碰到一位阿嬤，她指著牠們問：「兔子可以活多久啊？」

我說：「其他兔子大概十年多，但我這五隻是長命百歲喔。」然後自以為可愛的對阿嬤露出一個俏皮的笑容。

沒想到阿嬤瞪大眼睛看著我問：「長命百歲？為什麼？是因為品種嗎？」

我沒想到自己的願望竟然誤導了阿嬤。

我對不起阿嬤。

推著網字輩經過一對情侶身邊，女生一直跟旁邊的男朋友說：「有兔子！有兔子！」但男朋友只顧著看手機，直到我們已經經過了，還專注於手機上，大概是在忙著攻擊別人的村莊之類的事情吧？

我突然聽到身後女生的咆哮：「就跟你說有兔子！叫你看你又不看！為什麼跟我出來要一直玩手機？跟我一起很膩是不是？」

男生看著氣呼呼的女朋友，抓抓頭一直問：「哪裡啦？哪裡有兔子啦！」

我認真有想過繞回去。

不要只顧看手機啦。

陪一下女朋友啦。

別讓女友不開心。

看不到偶棉了吧？

四隻兔啊真古錐
ㄅㄆㄇㄈ來排隊
攝影機傳歸大堆
一二三四拾外支
愛手創療癒加一篇
趣味趣味真趣味

（回到家即興台語創作）

有一回在某個市集碰到一位阿嬤，她看到我大喊：
「你們是ABCD！」我說阿嬤，我們沒那麼國際化
啦，我們是ㄅㄆㄇㄈ。

阿嬤笑的很開心跟我說：「對啦對啦，ㄅㄆㄇㄈ！」
然後跟我說去年的母親節在另外一個市集有見過我
們，因為回家很想念我們，就寫了一首台語詩，當場
很開心的翻著她的臉書給我看。

阿嬤笑得很開心，我也笑得好開心。

阿嬤超可愛的啦！

我在某個市集，碰到這隻被棄養的大烏龜(真是什麼
寵物都有人棄養)，想起了龜兔賽跑的故事，忍不住
把bubu放到牠旁邊，想說來看看是不是真的如故事
裡的情節一樣。
看著bubu的表情就知道，牠連嘗試比賽的慾望都沒
有，看來這個從小聽的故事，多少有點可信度。

可以不要棄養寵物嗎？

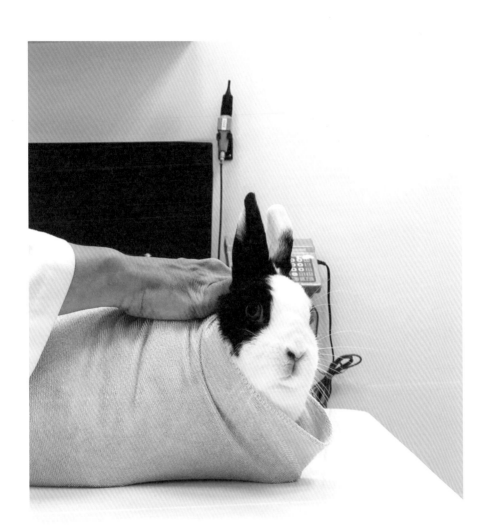

看醫生

很多人問我，養兔寶跟養貓貓狗狗哪個比較需要費心思。

其實哪有不用花心思的飼養的寵物呢？不過要特別注意，兔寶找醫生比較困難一點，必須要找專科醫生。既然決定要養，就一定要有心理準備，牠們會生病，需要身體檢查、吃藥或打針。所以在飼養之前，最好可以先了解一下住家附近是否有專門看兔子的獸醫，這樣萬一需要就醫，才不會手忙腳亂。

兔寶很脆弱，也比較敏感，但忍功一流，不會用聲音或表情表達不適，作為主人，必須要警慎觀察，稍有異樣，就趕快帶給醫生檢查，才能確保牠們的健康。

問：有因為養兔寶
　　而犧牲什麼嗎？

答：有，穿深色衣服。

兔毛

雖然說兔寶有換毛期，但我的經驗是，其實一年365天牠們都在掉毛。所以酷愛穿深色衣服的我，慢慢也就放棄了。尤其是經歷過好幾次上班開會時，發現自己的衣服沾滿兔毛的窘境以後，遛牠們的時候就再也不穿深色衣服了。養兔前的衣櫃，一邊放深色衣服，一邊放淺色衣服；養兔後，衣櫃分了上班區跟溜兔區，這樣就不用擔心了。不過出門前萬一把持不住，心軟又抱抱牠們，那也只能面對全身兔毛的窘境了。

另外我其實有蠻嚴重的鼻子過敏，如果你可以了解五隻兔子能夠製造多少過敏原，就知道我對牠們，是真愛無誤。

說到兔毛，有一陣子非常流行兔毛做的鑰匙吊飾，我逛街的時候看到，忍不住問店員：「這是用殘忍方式得來的兔毛嗎？」那位年輕貌美，聲線溫柔的女店員跟我說：「當然不是啊！這是從過世的兔子身上取得的，我們希望用這種方式，讓兔子可以用另一種型態活在這個世界上。」不知道是因為這位店員本身太會講故事，還是我本身太愚蠢，我當時不疑有他，而且也因為問了太多問題不好意思不買，一買就買了兩個。當然故事發展，是看到新聞的報導，證實女店員講的都不是真的。我把鑰匙吊飾收起來，很慶幸網字輩沒有看到。到現在我還是希望那位美美的女店員也是被騙的，我實在不願意相信有人為了做生意而編出一個這麼美麗的謊言，當然也不願意面對自己的愚昧就是了。

有時候摸摸牠們，都會忍不住想：「怪不得你們的毛會被盯上，的確是很好摸啊！」然後忍不住把鼻子埋到牠們身上，好好的把每一隻的毛都吸一遍，再打一輪噴嚏。這是每天必須重複的戲碼，兔奴們都懂的。有時候我甚至懷疑每天吸五隻兔子的自己，是不是也該來吃一下化毛膏？

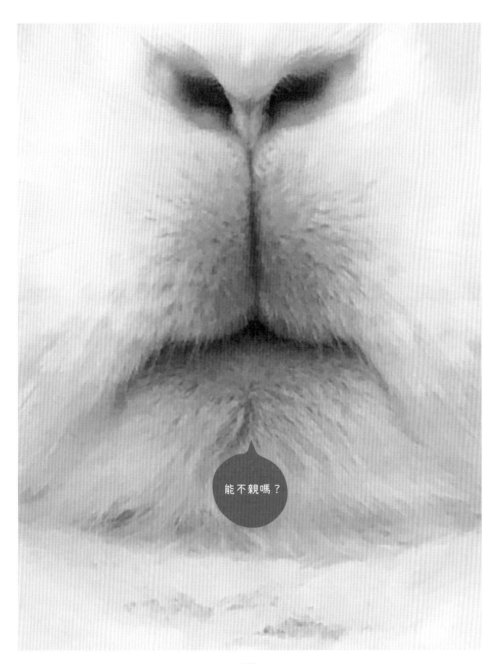

去毛膏？

化毛膏？

傻傻分不清楚。

馬麻累了嗎？

兔子因為會舔自己的毛髮，所以很多時候會把自己的毛吞下肚，換毛期的時候，最好可以吃化毛膏。

那天跑到寵物店，問有沒有「去毛膏」。店員非常疑惑的跟我說：「去毛膏？我們這邊沒有耶，你要不要去旁邊的藥妝店問問看？」

「藥妝店有賣？」我一臉困惑。店員於是問：「你說的是化毛膏吧？第三排右手邊喔。」
對啦對啦！化毛膏啦，齁。

再也沒去過這家店了。

網字輩提醒我的事

刺青的人，都想要把自己喜歡，或是有意義的，不管文字或是圖樣，刺在身上。

那個刺上去，就去不掉的刺青，有人說是某種能量；有人說是某種紀念，更有人說，那是某種象徵。

如果不是皮膚有狀況的話，我真的好想把網字輩都刺在身上。除了因為很愛牠們以外，更重要的是，我透過牠們的名字，找到了一些小啟示。

BuBu   Be U - 做自己比什麼都來得重要
PongPong   Power Of Never Give-up - 要有永不放棄的勇氣
MoMo   Move On - 懂得瀟灑往前走
Fifi   Face It- 凡事都要勇敢面對
Tete   Thankful Everyday - 每天都要懂得感恩

Power Of

Never Give-uf

Be U

Thankful Everyday

Move On

Face It

第四章

（特）（別）（附）（錄）

網字輩還有兩隻刺蝟成員「動動」跟「腦腦」，
如果沒有提到牠們真的說不過去啊！

先來分享一些網字輩刺蝟組的照片，有機會再跟
大家娓娓道來牠們的故事。

很多人也會問我，刺蝟跟兔子可以共處嗎？我有帶牠們一起
放風過，刺蝟喜歡鑽進有安全感的地方，所以動動跟腦腦很
喜歡往ㄅㄆㄇㄈㄊ的肚子鑽進去。刺刺的身體總是讓兔寶組
很疑惑，所以我也沒有特別讓牠們共處，但偶爾拍到一些互
動的照片，還是忍不住覺得很可愛。

能出去玩當然粉開心，但為了防疫，偶棉還是乖乖待在家裡好惹！
能跟大家見面以前，讓偶棉粉專相聚，一起加油！！

後記

我在今年生日這天，完成了這本書，是送給自己還有網字輩的一份禮物。

能完成這本書，當然要好好感謝很多人。很感謝在路上遇到所有溫柔以待的朋友；很感謝書裡出現過的每一個場景的主人，不管是咖啡店、餐廳還是店面。謝謝你們不吝嗇讓網字輩落地拍照。都是因為有你們，才能拍出那麼多漂亮的照片；感謝粉專上認識的每一位朋友，即使我們素未謀面，但你們的留言總是帶給我滿滿的動力跟歡樂。最後當然更要感謝網字輩，因為牠們，我的生活從此變得精彩，像現在我打著字，牠們就乖乖在推車裡等著我，不曾催促。

看完了這本書，你會不會也因為覺得網字輩很可愛，萌生想養兔子的念頭呢？希望這不是單一的原因，而是在通盤考慮過後的決定。

如果你對養兔子真的有興趣，或是有其他問題的話，歡迎隨時聯絡我，我懂的也許不多，但非常願意分享交流，當初也是靠著許多耐性滿滿的兔友跟我分享，我才能把網字輩照顧得好好的。好了，我要把電腦關上，去吸網字輩了，希望很快有機會在路上相遇！

祝福大家身體健康，一切平安！

注音麻敬上 2021.4.26

正宗兔奴注音麻與注音五兔 - 我與網字輩的生活日誌

作　者／注音麻
美術編輯／注音麻
企畫選書人／賈俊國

總 編 輯／賈俊國
副總編輯／蘇士尹
編　　輯／高懿萩
行銷企畫／張莉滎、蕭羽猜、黃欣

發 行 人／何飛鵬
法律顧問／元禾法律事務所王子文律師
出　　版／布克文化出版事業部
　　　　　台北市中山區民生東路二段141號8樓
　　　　　電話：(02)2500-7008 傳真：(02)2502-7676
　　　　　Email：sbooker.service@cite.com.tw
發　　行／英屬蓋曼群島商家庭傳媒股份有限公司城邦分公司
　　　　　台北市中山區民生東路二段141號2樓
　　　　　書虫客服服務專線：(02)2500-7718；2500-7719
　　　　　24小時傳真專線：(02)2500-1990；2500-1991
　　　　　劃撥帳號：19863813；戶名：書虫股份有限公司
　　　　　讀者服務信箱：service@readingclub.com.tw
香港發行所／城邦(香港)出版集團有限公司
　　　　　香港灣仔駱克道193號東超商業中心1樓
　　　　　電話：+852-2508-6231　　傳真：+852-2578-9337
　　　　　Email：hkcite@biznetvigator.com
馬新發行所／城邦(馬新)出版集團 Cité (M) Sdn. Bhd.
　　　　　41, Jalan Radin Anum, Bandar Baru Sri Petaling,
　　　　　57000 Kuala Lumpur, Malaysia
　　　　　電話：+603- 9057-8822　　傳真：+603- 9057-6622
　　　　　Email：cite@cite.com.my
印　　刷／卡樂彩色製版印刷有限公司
初　　版／2021年06月
定　　價／320元
ISBN／ 978-986-5568-92-4
ISBN／ 978-986-5568-96-2 (EPUB)

城邦讀書花園　布克文化
www.cite.com.tw　www.SBOOKER.com.tw